APOSTILA SOBRE SEGURANÇA NA LINHA VIVA

1 ª edição

Mococa

2022

AUTOR

Luiz Antônio Gonçalves Pinheiro

Técnico Eletrotécnico

Graduado em Engenharia Elétrica

Pós-graduação em Engenharia Segurança do Trabalho

Licenciatura em Formação Pedagógica pelo CEETPS

Centro Estadual de Educação Tecnológica Paula Souza/SP

Mococa

2022

PREFÁCIO

Nesta apostila procuramos descrever sobre a formação de equipe de linha viva, as normas exigidas na segurança no trabalho e conhecer os equipamentos a serem utilizados em linhas de “alta-tensão”, linhas vivas .A manutenção em linhas e redes de distribuição, sem interrupção do fornecimento de energia elétrica aos consumidores é hoje, uma necessidade tanto para a melhoria da qualidade dos serviços, como para o atendimento das metas de continuidade de fornecimento comprometidas pela concessionária com a ANEEL. Para este tipo de atividade, além dos equipamentos especiais, de qualidade comprovada, a equipe também deverá ser especializada. Trabalhar com segurança é direito, necessidade e obrigação. O trabalhador responsável observa as normas de segurança e avalia constantemente o seu procedimento no trabalho. Para obtermos resultados satisfatórios na redução de acidentes com eletricidade, contamos com a colaboração de uma equipe bem treinada e especializada.

O autor

DEDICATÓRIA

A minha a minha esposa Lucia e minha filha Amanda.

DADOS INTERNACIONAIS DE CATALOGAÇÃO PÚBLICA (CIP)

(Câmara Brasileira do Livro, SP, Brasil)

APOSTILA SOBRE SEGURANÇA NA LINHA VIVA/ Luiz Antônio Gonçalves Pinheiro

p.55

ISBN:978-65-00-52110-8

Publicação Digital: Apostila Impressa: PDF

Modo de Acesso: https://clubedeautores.com.br/books

1.Linha Viva 2. Segurança 3. Normas

CDD:621.3121

Índice para Catálogo Sistemático:

1.Higiene e Segurança

SUMÁRIO

1. INTRODUÇÃO

Para garantir uma boa qualidade no serviço de fornecimento de energia é indispensável que não haja, ou que sejam minimizadas, as interrupções no fornecimento desta, pois havendo interrupções frequentes a qualidade dos serviços será insatisfatória.

A manutenção em linhas e redes de distribuição e transmissão, sem interrupção de fornecimento de energia elétrica aos consumidores, torna-se, hoje, uma necessidade para a melhoria da qualidade dos serviços, pois à medida que a demanda cresce e as cargas consequentemente aumentam, a responsabilidade das empresas de energia elétrica aumenta proporcionalmente no fornecimento ininterrupto de energia.

Por mais perfeito que seja o sistema, sempre ocorrem avarias, as quais implicam em serviços de reparo, que devem ser efetuados sem desenergizá-lo. Para este tipo de trabalho, é necessária a utilização de equipamentos especiais, de qualidade comprovada, e uma equipe especializada para sua execução.

O método de trabalho em instalações energizadas apresenta mais segurança do que os trabalhos em linha desenergizada. Para comprovar esta afirmativa, basta analisar que a maioria dos acidentes registrados nos serviços em linhas desenergizadas se deve a uma das razões: erro na manobra, onde não se previu a energização do circuito; engano na determinação da zona de trabalho e contato com instalações energizadas vizinha à zona de trabalho.

2. FORMAÇÃO DE UMA EQUIPE DE LINHA VIVA

Como pré-requisito dos mais importantes na formação de uma equipe em instalação energizada, está a avaliação rigorosa do estado físico e psicológico de cada elemento indicado para compor esta equipe.

Indiscutivelmente, esta observação irá garantir uma porcentagem de segurança nos trabalhos em linhas energizadas. Além disso, a utilização de equipamentos adequados e a conscientização de toda a equipe sobre os riscos das tarefas irão garantir a execução dos trabalhos com a máxima segurança.

Concluindo-se que um homem não possuindo o temperamento adequado para esta classe de trabalho não deve continuar com seu treinamento, será aproveitado em outros deveres dentro de suas responsabilidades.

Três dos fatores mais significativos que devem ressaltar nos homens que se dedicam a esta classe de trabalho são:

1. Alto grau de habilidade manual;
2. Coordenação de primeira classe;
3. Temperamento tranquilo.

Para o encarregado da equipe, as condições exigidas são mais severas. Dentre elas destacam-se; a capacidade que o encarregado deve ter para analisar as condições profissionais, físicas e psíquicas da turma, afastando imediatamente o elemento que apresentar qualquer irregularidade; compreender e entender com perfeição a função de cada uma das ferramentas e reconhecer, obrigatoriamente, as condições de funcionamento das mesmas; coordenar e fiscalizar o manuseio dos equipamentos e ferramentas, observando os cuidados especiais que devem ser tomados quanto à sua utilização, armazenagem e manutenção.

Recrutamento e seleção

Os eletricistas que irão compor uma equipe de Linha Viva deverão passar por um recrutamento e seleção onde deverão ser levadas em consideração algumas exigências que descreveremos a seguir.

Pré-Requisitos

- De preferência, possuir 1º grau completo.
- Idade recomendável entre 18 a 27 anos.
- Ter concluído cursos de formação básica em Construção e Manutenção de Rede e Habilitação Básica da NR-10 - Instalações e Serviços em Eletricidade. Portaria 3214 do Mtb, de 08/06/78.
- Experiência mínima de 02 (dois) anos como eletricista de manutenção em rede aérea de distribuição.
- Ser habilitado para dirigir veículo pesado (pelo menos dois eletricistas da equipe).
- Condições físicas, porte e de saúde compatíveis ao desempenho da função.

Testes

Fazer uma avaliação psicológica nos candidatos, de preferência com entrevista onde deverão ser observados:

- Motivação. Engajamento, Expectativa de Carreira.
- Aspectos Intelectuais e Aptidões.
- Aspectos Personológicos.
- Saúde, onde deve se verificar o uso de bebidas alcoólicas ou tóxicos.

Avaliação Médica

O eletricista deverá ser aprovado nos seguintes exames médicos:

- Eletrocardiograma
- Eletroencefalograma
- Teste Ergométrico
- Campimetria
- Hemograma Completo + VHS

COMPOSIÇÃO DA EQUIPE DE MANUTENÇÃO DE LINHA VIVA

As experiências mostram que o número ideal para uma equipe de Linha Viva na distribuição é de 05 (cinco) eletricistas, sendo:

- 04 eletricistas que atuarão na manutenção;
- 01 eletricista supervisor

Esta equipe estaria apta a executar as tarefas previstas no Anexo I.

3. CARACTERÍSTICAS DAS FERRAMENTAS, EQUIPAMENTOS E ACESSÓRIOS DE LINHA ENERGIZADA

As ferramentas, equipamentos e acessórios para execução de trabalhos em linha energizada atendem às exigências de alto grau de isolamento e resistência mecânica, indispensáveis à segurança e facilidade no manuseio. São utilizados para sustentação e isolação dos condutores de redes nos mais variados níveis de voltagem.

Os bastões modernos são fabricados com fibra de vidro impregnada com resina epoxi, que envolve uma alma de espuma de poliuretano.

Este conjunto que, além das qualidades acima assinaladas, é ainda resistente à umidade, a agentes químicos e às intempéries, é conhecido comumente como epoxiglass. As partes metálicas são constituídas de metal à base de alumínio, por isso pouco volumosas.

As coberturas para condutores e para postes são fabricados em polietileno, material isolante largamente empregado na fabricação de cabos e outros.

Equipamentos e ferramentas de trabalho

Os equipamentos e ferramentas de trabalho necessários para uma equipe de Linha Viva ao contato na distribuição poderão ser divididos da seguinte forma:

- Equipamentos de uso individual (anexo II)
- Ferramentas e equipamentos auxiliar de uso coletivo (Anexo III)
- Ferramentas e equipamentos de uso coletivo (Anexo IV)

CESTAS AÉREAS ISOLADAS

A cesta aérea isolada é um equipamento composto, basicamente, de braços telescópicos ou articulados de fibra de vidro epoxi, sistema hidráulico para movimentação dos braços, comando duplo na base do equipamento e na parte superior e com uma ou duas caçambas isoladas.

Estes equipamentos são instalados sobre chassis apropriado com capacidade para transporte dos eletricistas integrantes da equipe e de carroceria especial para guarda de ferramental. (Anexo V)

Principais Componentes

Caçamba

Destinadas à acomodação e elevação do pessoal, as caçambas são confeccionadas em fibra de vidro epoxi reforçadas e dimensionadas para acomodar os operadores. Possuem degraus com superfície antiderrapante para facilitar o acesso dos operadores.

Cuba Isolante

Confeccionada em polietileno de alta rigidez dielétrica e resistência mecânica destina-se a proteger a caçamba e garantir a isolação elétrica exigida nos serviços.

Braço Isolado

O braço isolado é confeccionado em material de alta rigidez dielétrica, geralmente de epoxi reforçado com fibra de vidro ou equivalente.

- Cinta Coletora

Dispositivo instalado nas superfícies interna e externa da parte isolada do braço, possibilitando a medição da corrente de fuga. Todas as linhas do sistema hidráulico existentes no interior da parte isolada do braço são ligadas eletricamente às cintas coletoras.

- Apoio e fixação dos Braços

Os suportes de apoio dos braços inferior e superior (posição de descanso e transporte) são adequadamente localizados e revestidos com borracha natural macia, com espessura de 40 mm. Os cintos de retenção dos braços são confeccionados com tiras de fios de "nylon" trançados e providos de sistemas de ajuste e travamento adequados.

- Sapatas Estabilizadoras

São operados através de comandos independentes dos demais controles operacionais. Possuem válvulas para evitar que ocorram operações indevidas durante os serviços. O ideal é com alarme sonoro quando da operação.

- Sistema de Aproximação das Caçambas

Mecanismo destinado a fixar as caçambas ao braço superior e movimentar as caçambas no plano horizontal através de um volante, proporcionando ao operador melhor posicionamento na área de serviço.

- Tomada de Força

Componente ligado ao câmbio do veículo destinado a acionar a bomba hidráulica, desacoplando-a, quando sua operação não for necessária.

- Bomba Hidráulica do Dispositivo de Aceleração

Para atender as solicitações do sistema hidráulico.

- Reservatório de Óleo Hidráulico

Com capacidade de suprir o sistema hidráulico, dotado de indicador de nível (mínimo e máximo).

- Controles Individuais de Movimentos Operacionais

São chamados também de controles de solo aqueles instalados na estrutura principal que comandam o acionamento do braço móvel e da rotação da mesa.

- Tomadas Hidráulicas

Dotadas de engates rápidos para ferramentas hidráulicas localizadas junto aos comandos da cesta e comandos de solo.

- Ferramental Hidráulico

O ferramental acoplado às tomadas hidráulicas localizadas junto aos comandos da cesta e comandos de solo.

- Alicate de compressão hidráulica com booster e matrizes;
- Furadeira hidráulica reversível e de impacto com mandril e brocas;
- Podador hidráulico;
- Serra hidráulica de corrente.

- Braço Suplementar Isolado

Braço adicional isolado, instalado na extremidade do braço superior, dotado de extensão telescópica com acessórios opcionais na extremidade que possibilitam:

- O içamento de cargas e materiais para posição de trabalho;
- A sustentação da linha.

- Guincho

Dispositivo acionado hidraulicamente dotado de carretel, cabo e gancho na extremidade com trava de segurança para içamento de cargas à posição de trabalho.

- Operação de Cestas Aéreas Isoladas

Os trabalhos em redes aéreas isoladas energizadas são realizados por eletricistas devidamente capacitados e treinados para operar as cestas isoladas. Para cada modelo e fabricação existe um manual detalhado sobre os procedimentos operacionais.

Entretanto, são apresentadas a seguir, algumas regras gerais que se deve seguir para operação de dispositivos aéreos:

Verificação de Rotina

Antes de utilizar as cestas aéreas os usuários devem fazer uma verificação geral, incluindo o veículo no qual a cesta aérea isolada está montada.

As cestas aéreas isoladas, somente devem ser utilizadas se as condições de segurança forem plenamente satisfatórias; caso contrário deve ser recolhidas para manutenção corretiva em oficina.

Ensaios Elétricos Periódicos

Os ensaios elétricos devem ser realizados em laboratório. Quando os equipamentos forem submetidos à manutenção mecânica, antes do período estabelecido e houver intervenção nos componentes eletricamente isolados, o conjunto deve ser submetido aos ensaios elétricos de tensão aplicada antes de retomar ao serviço. Os ensaios elétricos devem ser realizados periodicamente (no mínimo, uma vez por ano).

Braço Isolado

O teste de isolação deve ser realizado de acordo com a Norma ANSI-A92.2. que consiste em submeter a lança isolada do equipamento totalmente estendida, à tensão de 100 kV, durante 3 minutos, medindo a corrente de fuga que fluirá para a terra através da lança. Tal corrente não deve exceder o valor de 1 miliampêre, devendo ser medida no início e final do ensaio (Ex. Anexo VI).

Cuba Isolante

Este ensaio é realizado de acordo com a Norma ANSI-A92.2, adotando o seguinte procedimento:

- Colocar a Cuba Isolante de polietileno em um tanque metálico de dimensões apropriadas;

- Encher com água a cesta isolada e o tanque até que ela chegue a aproximadamente 13 cm da borda da cuba, tanto interna quanto externamente;

- Para que a Cuba se mantenha assentada no fundo do tanque o nível da água internamente deve ser 2,5 cm mais alto que o nível externo;

- Aplicar 40 kV, 60 Hz, por minuto;

- A Cuba Isolada será considerada aprovada se não ocorrer perfuração.

Óleo Hidráulico

O teste de rigidez dielétrica é realizado de acordo com o método ASMT-D877. É adotado o seguinte procedimento:

- A rigidez dielétrica para óleo novo deve ser de 25 kV;

- Se a rigidez dielétrica for de 15 kV ou menos, o óleo deve ser considerado como imprestável e substituído.

Mangueiras Hidráulicas

Os testes mecânicos e elétricos a serem aplicados nas mangueiras são baseados no prescrito na Norma SAE-0517. (1I0R7 e 100R8) - Thermo Plastic Hidralic Hose e no conjunto com a lança de acordo com a Norma ANSI-A92.

4. NORMAS DE SEGURANÇA

Deve ser sempre, lembrado que este é um trabalho de equipe, onde cada elemento zela pela sua segurança e a do grupo.

A segurança no trabalho em linha energizada é de importância vital, pois neste tipo de trabalho não podem ocorrer falhas. Indiscutivelmente, porém, é um fato que o trabalho em linha energizada é a maneira mais segura para fazer a manutenção de uma rede.

Regras básicas de prevenção e advertência para os eletricistas de linha energizada contra acidentes.

- Serão exigidos, rigorosamente, o cumprimento das normas de segurança e as perfeitas condições físicas e psicológicas de toda equipe, para perfeito desempenho de suas funções.

- Antes da realização de qualquer serviço, cabe ao eletricista verificar se os equipamentos de segurança e suas ferramentas de trabalho estão em perfeitas condições.

- Observar com atenção os diversos detalhes dos serviços, notadamente aquelas tarefas que lhe competirão. Não iniciar os serviços antes de compreender perfeitamente todas as suas implicações, pois poderá colocar em risco a sua segurança e a do pessoal.

- Quando em serviço, nunca usar um bastão, ou cobertura, que esteja empoeirado, molhado ou mesmo úmido. Este deverá estar limpo e seco, antes de ser passado ao eletricista que executa o trabalho.

- Os serviços deverão ser realizados com calma e segurança, pois nos serviços em linha energizada, a pressa é um fator secundário. O eletricista deve se manter exclusivamente calmo em qualquer circunstância, a ponto de entender corretamente o trabalho que executa e também de raciocinar rápido e com eficiência em caso de uma emergência. A falta de calma compromete a segurança do grupo.

- Todo e qualquer objeto que for passado aos eletricistas, que estiverem nas cestas ou de lá para terra, deverá ser feito com auxílio da corda de serviço, sendo proibido atirar objetos, ferramentas ou equipamentos para os colegas componentes da equipe.

- O conhecimento das ferramentas e equipamentos, a utilização correta dos mesmos e saber de suas limitações são de fundamental importância nos serviços com linha energizada. O uso indevido de ferramentas ou equipamentos pode causar acidentes imprevisíveis.

- A bebida alcoólica deve ser evitada para quem trabalha em serviços com linha energizada. O elemento que fizer uso constante, mesmo que seja nas horas de folga, de bebidas alcoólicas, deverá ser, para o bem da equipe e para sua própria segurança sumariamente afastado da turma.

- Os equipamentos de trabalho em linha energizada são de uso exclusivo das turmas de linha energizada, sendo proibidos os empréstimos para outras turmas de manutenção.

- Conhecer o uso impróprio de um equipamento é tão importante quanto conhecer o seu uso adequado.

- A improvisação, qualquer que seja, nos trabalhos de linha energizada, é sempre perigosa, portanto, não improvise, absolutamente nada. Tudo deve obedecer a uma rigorosa programação.

- Caso ocorra algum imprevisto durante a execução de uma tarefa qualquer, faça uma pausa e, juntamente com os demais elementos da equipe, analise o problema.

- Não desvie a atenção do serviço sob qualquer pretexto, mesmo que haja alguma interferência de qualquer elemento da equipe. Observe primeiro os aspectos de segurança, em seguida de a atenção solicitada.

- Em hipótese alguma deverá ser permitida a presença de pessoas não autorizadas nas áreas reservadas para trabalho e sinalizadas para esse fim.

- Terminado o trabalho, os equipamentos e as ferramentas deverão ser limpos, peça por peça, e acondicionados no veículo apropriado.

- Não execute serviço onde for verificada falta de segurança para realizá-lo.

- Durante a execução de qualquer trabalho em linha energizada, fica terminantemente proibido fumar.

- Durante a execução de qualquer tarefa em linha energizada, o eletricista não deverá tirar as luvas para facilitar a realização do trabalho, sob qualquer pretexto.

- Um bom relacionamento entre a equipe, quer no desempenho de suas funções, que fora dela, é de suma importância. A união é fator importante para se evitar acidentes.

- Recomenda-se que na execução de qualquer tarefa, os eletricistas que estíverem nas cestas não permaneçam com objetos metálicos de uso pessoal, como relógios, pulseiras, cordões, etc ...

- Recomenda-se à equipe manter, sempre, a limpeza de seu uniforme de trabalho exigido pela empresa, como também das luvas e mangas, pois isso é fundamental para sua segurança e a do grupo.

- Os dispositivos que comandam as religações automáticas de disjuntores dos circuitos que estão com trabalho em linha enegizada devem ser bloqueados antes de iniciar qualquer trabalho.

- Antes de qualquer religação de um circuito com defeito em que esteja havendo trabalho em linha energizada, o operador do C.O.D. deverá entrar em contato com chefe da equipe para autorização do religamento.

EQUIPAMENTO DE SEGURANÇA

Equipamento de segurança é todo dispositivo destinado a preservar a integridade física tanto do trabalhador como de terceiros, contra os agentes do meio ambiente, portanto deve ser tratado com muito zelo pelos usuários. Não é permitido alterar as características de qualquer equipamento de segurança.

Equipamento de Proteção Coletiva - EPC

São equipamentos destinados a proteger toda a equipe ou o público dos riscos de acidentes.

Conjunto de aterramento temporário

Qualquer trabalho em linha desenergizada (linha morta) só pode ser executado quando os circuitos elétricos estiverem desligados, testados e aterrados.

O aterramento deverá ser efetuado em todos os pontos necessários e o mais próximo possível do local onde será realizado o trabalho, sendo de responsabilidade do encarregado sua instalação e retirada. O conjunto de aterramento deve ser instalado junto à estrutura, nunca ao longo do lance.

Antes da instalação do conjunto de aterramento, o encarregado deverá certificar-se de que o circuito está desligado e testado através do detector de tensão.

Cuidados especiais deverão ser tomadas em linhas desligadas, paralelas ou cruzando com linha de transmissão, onde ocorre o fenômeno da indução. Nesse caso o detector de tensão é ineficaz. Será necessário medir a tensão fase por fase, através de aparelho adequado, a fim de verificar se a tensão do circuito é a nominal, revelando que a linha não foi desligada ou se é resultante da indução, quando a linha deve ser aterrada, para a realização do serviço e ainda assim o pessoal deve trabalhar munido de luvas de borracha e proteção.

Na instalação do conjunto de aterramento temporário, o eletricista deverá manter-se afastado dos cabos de interligação, atentar cuidadosamente à uma possível abertura de arco elétrico, e não conectar os cabeçotes à linha com as mãos, mas através dos bastões apropriados, fazendo uso de todos os EPI's necessários.

Nos serviços de construção ou manutenção de linhas, onde haja esticamento de condutores, devem ser aterradas as ancoragens provisórias e abertura de jumper, bem como tomar cuidados especiais em relação a contatos com outros circuitos energizados e descargas atmosféricas.

Para a colocação do aterramento primário temporário, observar a seguinte sequência:

- Fixar o cabo de 3m no trado adequado para aterramento;

- Instalar o suporte intermediário, tipo sela, no poste;

- Fixar o cabo do conjunto de aterramento no suporte intermediário, tipo sela, já instalado no poste;

- Verificar ausência de tensão com o detector;

- Instalar o suporte central no condutor do meio da rede e depois os demais grampos às outras fases. Na retirada, efetuar as mesmas operações, na ordem inversa.

Na instalação do conjunto de aterramento temporário secundário, depois de verificada a ausência de tensão com o voltímetro, deve-se conectar o conjunto de aterramento ao condutor neutro e aos condutores fase simultaneamente. Para a retirada, efetuar a operação na ordem inversa.

A inobservância destes requisitos é considerada falta grave do encarregado do serviço.

Protetores isolantes

Devem ser utilizados para cobertura de condutores, estais, cabos mensageiros, ramais de serviço, braço de iluminação pública, etc. Nos serviços em redes energizadas, sempre que as luvas de borracha não oferecerem proteção suficiente, havendo risco de contato acidental do braço ou outras partes do corpo desprotegidos, com condutores energizados.

O equipamento protetor isolante para baixa tensão (mangotes, lençóis de borracha, etc.) deve ser colocado pelo funcionário na subida, de baixo para cima, até o ponto em que irá trabalhar e serão recolhidos, ao término do serviço, na ordem inversa.

Tanto na colocação quanto na retirada, o eletricista deve estar calçado com as luvas de borracha.

Todo equipamento de borracha deve ser examinado antes do uso para verificar se está ressecado, se há rachas, cortes ou perfurações, etc., que inutilizam o equipamento.

Quando atingidos por óleo ou outros produtos nocivos à borracha, devem ser limpos imediatamente para evitar danos. Sempre que necessário serão lavados com água e sabão neutro, colocado à sombra, em local arejado, para secar. Devido à exposição a chuva também deve ser seco e conservado com talco, antes de serem guardados adequadamente.

Cones

Devem ser utilizados na sinalização de área de trabalho nas vias públicas, para proteção dos funcionários e de terceiros.

Deve ser evitado o seu contato com óleo, graxa, ácidos, solventes ou outras substâncias corrosivas. Quando necessário devem ser lavados com água e sabão neutro e enxutos.

Faixas de Sinalização

Destinadas à demarcação da área de trabalho nas vias públicas, para evitar a penetração de terceiros.

Após o uso as faixas de sinalização devem ser enroladas adequadamente e quando úmidas, colocadas a secar, antes de serem guardadas. Quando necessário devem ser lavadas, com água e sabão neutro.

Placas de advertência

Destinadas à sinalização da área de trabalho nas vias públicas devendo ser colocadas a uma distância conveniente, que permita aos motoristas observarem a tempo e atenderem a advertência. Após as placas, é necessário balizar o afunilamento do tráfego com os cones.

Bandeirolas de sinalização

Devem ser usadas nas cargas que excedem os limites dos veículos. Sua conservação é idêntica à das faixas de sinalização.

Placas de advertência de manobra

Destinadas à sinalização de chaves abertas para execução de manobras e das chaves normalmente abertas que delimitam ou estão inseridas na área interditada para a realização de serviços, de maneira a evitar qualquer tentativa de reenergização por erro de manobra.

Equipamento de Proteção Individual - EPI

EPI é o equipamento de segurança que protege somente o usuário e, portanto, deve ser de uso pessoal de cada funcionário, tais como: capacete, óculos, calçado, cinto, luvas de borracha e outros.

Segundo a legislação vigente, compete ao empregado:

- Usar obrigatoriamente o EPI indicado, apenas para a finalidade a que se destinar;

- Responsabilizar-se pela guarda e conservação do EPI que lhe for confiado;

- Comunicar qualquer alteração no EPI, que o torne parcial ou totalmente danificado;

- Responsabilizar-se por danos ao EPI, pelo seu uso inadequado ou fora das atividades a que se destinam, bem como pelo seu extravio.

Capacete de segurança

Deve ser usado para proteger a cabeça contra impacto de objetos, batidas, choques elétricos, chuvas e raios solar, com a alça jugular passada sob o queixo, para evitar o seu desprendimento da cabeça.

Sua manutenção é feita, lavando-se a parte interna e externa com água e sabão neutro e enxugando com pano limpo.

Óculos de segurança

Os óculos de segurança são destinados a proteção dos olhos contra a projeção de partículas e objetos e radiações luminosas intensas.

Os de lente incolores se aplicam a atividades de poda de árvores, operação de esmeril, lançamento de condutores e outras onde haja risco de projeção de partículas.

Os de lente ray-ban (escuras) são usados para operar chaves (corta-circuito, faca e tripolares) e outros equipamentos elétricos onde haja possibilidade de abertura de arco voltaíco e em trabalho com ofuscamento do sol, filtrando os raios ultravioleta e infravermelho.

Devem ser lavados com água fria e sabão neutro, enxugando as lentes com flanela ou papel absorvente e guardando-os em seus respectivos estojos para evitar arranhões, manchas ou deformações. Não devem ser deixados expostos ao sol ou a outras fontes de calor, bem como em locais onde possam receber respingos de óleo, graxa, solventes, ácidos e outras substâncias corrosivas. Não se deve tentar remover riscos das lentes dos óculos; peça sua substituição.

Luvas isolantes de borracha

É obrigatório o uso de luvas de borracha adequadas à classe de tensão juntamente com as protetoras de couro, nas seguintes situações:

- Manuseio direto de instalações e aparelhos de baixa tensão energizados até 1.000 volts;

- Manuseio de bastões isolados (fibra de vidro), nas operações de chaves, grampos de linha viva, instalação e remoção de aparelhos de medição, conjunto de aterramento, etc.;

- Próximo a eletricista que estiver trabalhando com condutores ou aparelhos energizados.

Devem ser examinadas, antes de serem calçadas, para verificação de quaisquer furos, talhos ou sinais de enfraquecimento, fazendo a "prova de ar", que consiste em enrolar o punho da luva de forma a comprimir o ar dentro da mesma, para constatar sua integridade. Caso haja vazamento de ar, a luva deve ser substituída.

Lavar periodicamente com água e sabão neutro, deixando secar à sombra, em local, arejado do lado do avesso. O mesmo deve ser feito, quando molhadas por exposição à chuva.

As luvas de couro, protetora das de borracha, devem ser substituídas sempre que apresentarem furos, rasgos, cortes, descosturamentos, etc.

As luvas de borracha e couro devem ser guardadas em recipientes apropriados, com duas repartições, sendo que as luvas de borracha serão polvilhadas abundantemente com talco industrial, para uma boa conservação.

Quando em uso devem ser transportadas na sacola própria para esse fim. Esta, quando molhada, deve ser colocada à sombra para secar, em local arejado.

Cinturão de segurança com talabarte

Tem como finalidade, sustentar o usuário em trabalho aéreo, com apoio seguro, evitando sua queda. O cinturão deve ser usado abaixo da cintura, repousando sobre os quadris, devendo cada funcionário ter o cinturão de acordo com o seu porte físico.

Os cinturões, o talabarte e suas ferragens devem ser examinados cuidadosamente antes do uso, para verificar o seu estado. O couro ou nylon deve ser examinado quanto ao ressecamento, desgastes, descosturamento e rachas, devendo ser mantidos limpos e bem tratados. Quando molhado, o cinturão deve ser dependurado à sombra, em lugar arejado, até ficar completamente seco.

As partes móveis das ferragens, especialmente as travas e molas dos ganchos de engate, devem ser examinadas com rigor quanto ao funcionamento e lubrificadas com vaselina, para evitar que enferrugem ou engripem.

O talabarte deve ser substituído quando aparecer uma faixa de tecido vermelho vivo no centro, que indica o limite de uso, ou quando apresentar qualquer deficiência que cause dúvida quanto à sua segurança.

O cinturão e o talabarte devem ser guardados e transportados sempre em compartimento adequado, para evitar que sejam cortados, desgastados por ferragens ou amassados por materiais pesados. Não se deve fazer novos furos, tanto no cinturão como no talabarte, pois enfraquecem o equipamento. Não é permitida sua guarda em lugares quentes ou sob a luz solar direta.

Calçado de segurança

O calçado de segurança deve ser inspecionado diariamente antes do uso, para que sejam mantidos em boas condições de conservação, ou seja, limpos, secos, engraxados, isentos de óleo, graxa, lubrificante, lama, etc., e, quando apresentarem danos ou desgastes que os tornem inseguros, devem ser substituídos. Quando molhados, devem ser colocados à sombra, em local arejado, para secar, evitando o ressecamento do couro e o apodrecimento da costura.

Luva de proteção para as mãos

Devem ser usadas no manuseio de ferramentas, equipamentos e materiais, em todas as atividades em que haja risco de corte, perfurações ou abrasão as mãos. Quando houver risco de choque elétrico, estas luvas devem ser substituídas pelas de borracha. Quando molhadas devem ser colocadas à sombra, em local arejado, para secar, evitando o ressecamento da luva e apodrecimento da costura. Devem ser substituídas sempre que apresentarem desgaste acentuado, furos e rasgos.

Calçado de cano longo

Deve proteger o tornozelo e a parte da perna do usuário em trabalho no campo e contra possíveis ataques de animais peçonhentos. Devem ter os mesmos cuidados do calçado de segurança.

Botas de borracha

Destinam-se à proteção dos pés e pernas contra umidade em dias chuvosos ou em locais lamacentos. Devem ser guardadas, secas, e isentas de óleo, graxa lubrificante, lama, etc.

Conjunto impermeável (Capa de chuva)

A capa de chuva deve ser inspecionada antes do uso para verificar a possível existência de furos ou rasgos, que permitem a infiltração de água. Após o uso, para guardá-la, deve ser primeiramente seca.

5. NORMAS DE TRABALHO

Para o trabalho em instalações energizadas (linha viva), é indispensável a observação das seguintes normas de trabalho.

- Todo serviço a ser executado será analisado e programado conforme instruções a serem recebidas no treinamento.
- Nunca trabalhar em dias de chuva ou excessivamente úmidos ou à noite.
- Aplicar rigorosamente todas as normas de segurança para o trabalho em linhas energizadas.
- Observar todas as normas de operação e cuidados com os equipamentos.
- Não alterar a sequências das tarefas previamente estabelecidas. Caso surja imprevisto, consultar o chefe da equipe. Não improvisar de espécie nenhuma.
- Todo trabalho a ser feito deverá ser verificado pela equipe em todos os detalhes.
- Sempre sinalizar o local de trabalho antes de iniciar o serviço.
- Nunca iniciar o serviço sem que tenha sido feito o bloqueio de religamento.
- A atenção no serviço não poderá ser desviada sob nenhum pretexto

A equipe de linha viva tem que estar sempre atenta as normas e ao trabalho que está sendo executado, evitando acidentes no trabalho. Nos Anexos VIII e IX, temos exemplo de acidente ocorrido no afastamento de rede primária. Qualquer descuido pode ocorrer em acidente.

SUBISTIUIÇÃO DE POSTES

Quando da substituição de postes (Anexo VII), deve-se atentar para as normas a serem seguidas.

Observaremos no tópico a seguir exemplo de substituição de poste passo a passo.

SUBSTITUIÇÃO DE POSTE – ESTRUTURA N1-B1-M1

ITEM	PASSOS	EQUIPAMENTOS
01	Posicionar o veículo. Sinalizar e isolar a área de trabalho. Planejar a execução da tarefa. Selecionar ferramental, acondicionando-os sobre encerado. Solicitar ao COD o bloqueio do dispositivo do religamento do alimentador. Instalar cobertura na rede secundária na sequência C,B,A e N. OBS.: A critério do eletricista encarregado, este último item poderá ser eliminado desde que as condições locais não impliquem em riscos de contatos acidentais na execução da tarefa.	
02	Instalar coberturas para condutor na fase da rua sendo duas do lado fonte e duas do lado carga.	Quatro coberturas para condutor.
03	Instalar cobertura para isolador de pino na fase da rua.	Uma cobertura para poste de 600mm.
04	Instalar coberturas para condutor na fase meio, sendo cinco do lado onde será implantado o poste e duas do lado oposto.	Sete coberturas para condutor.
05	Instalar cobertura para isolador de pino fase do meio.	Uma cobertura para poste de 600mm.
06	Instalar coberturas para condutor na fase da calçada, sendo cinco do lado onde será implantado o poste e dois do lado oposto.	Sete coberturas para condutor.
07	Instalar cobertura para isolador de pino fase da calçada.	Uma cobertura para poste de 600mm.
08	Abrir buraco para implantar o poste novo.	
09	Instalar estropo de aço no poste novo, acima do seu centro de gravidade.	Um estropo de aço.
10	Instalar coberturas no poste a ser implantado.	Três coberturas para poste de 1800mm.
11	Implantar o poste novo sendo que os eletricistas que estão auxiliando deverão estar usando luvas de borracha classe 2.	
12	Aprumar o poste novo e soca-lo.	
13	Retirar o guindauto e o estropo do poste novo.	
14	Retirar coberturas do poste novo.	
15	Instalar cruzeta nova com todos seus pertences no poste novo.	
16	Instalar coberturas para cruzeta, nas cruzetas nova e velha, fase da rua.	Dois lençóis sem abertura. Dois lençóis com abertura. Pregadores de cobertura.
17	Retirar cobertura para isolador de pino da cruzeta velha fase da rua.	
18	Desamarrar o condutor do isolador da cruzeta velha e amarra-la na cruzeta nova fase da rua.	

19	Instalar cobertura para isolador de pino na cruzeta nova fase da rua.	Cobertura para poste de 600mm.
20	Retirar lençol com abertura e fixar lençol sem abertura nas cruzetas novas e velhas da fase da rua.	Dois lençóis sem abertura.
21	Instalar coberturas no topo dos dois postes e cruzeta nova e velha; fase do meio.	Dois lençóis sem abertura, dois lençóis com abertura e pregadores de cobertura.
22	Retirar cobertura para isolador de pino da cruzeta velha fase do meio.	
23	Desamarrar o condutor do isolador da cruzeta velha e amarrá-lo na cruzeta nova fase do meio.	
24	Instalar cobertura para isolador de pino na cruzeta nova fase do meio.	Cobertura para poste de 600mm
25	Retirar coberturas das cruzetas nova e velha fase do meio e rua.	Dois lençóis sem abertura, dois lençóis com abertura e pregadores de cobertura.
26	Retirar coberturas do topo dos dois postes.	Dois lençóis sem abertura e pregadores de cobertura.
27	Instalar cobertura para cruzeta nova e velha, fase da calçada.	Dois lençóis sem abertura, dois lençóis com abertura e pregadores de cobertura.
28	Retirar cobertura para isolador de pino da cruzeta velha fase da calçada.	Uma cobertura para poste de 600mm.
29	Desamarrar o condutor do isolador da cruzeta velha e amarrá-lo na cruzeta nova fase da calçada.	
30	Instalar cobertura para isolador de pino na cruzeta nova fase da calçada.	Cobertura para poste de 600mm.
31	Retirar coberturas para cruzetas nova e velha fase da calçada.	Dois lençóis sem abertura, dois lençóis com abertura e pregadores de cobertura.
32	Retirar cruzeta do poste velho com todos seus pertences.	
33	Transferir três coberturas para condutor da fase do meio e calçada respectivamente do lado do poste novo para o lado do poste velho.	
34	Desligar o trafo e remover o secundário para o poste novo.	
35	Instalar cobertura no poste a ser retirado.	Três coberturas para poste de 1800mm.
36	Instalar estropo de aço no poste a ser retirado acima do centro de gravidade.	Um estropo de aço.
37	Instalar guindauto no estropo do poste a ser retirado.	
38	Cavar um buraco rente no poste até a sua base.	
39	Retirar poste velho, sendo que os eletricistas que estão auxiliando no solo deverão estar usando luvas de borracha classe 2.	
40	Retirar coberturas do poste velho.	
41	Ligar o trafo.	
42	Retirar cobertura para condutor do lado oposto às caçambas do lado da calçada.	Coberturas para condutor.
43	Retirar coberturas para isolador de pino e condutor no lado junto às caçambas; fase da calçada.	Uma cobertura para poste de 600mm e coberturas para condutor.
44	Retirar cobertura para isolador pino e condutor fase do meio.	Uma cobertura para poste de 600mm e coberturas para condutor.

45	Retirar cobertura para isolador pino e condutor fase da rua.	Uma cobertura para poste de 600mm e coberturas para condutor.
46	Retirar coberturas da rede secundária na seqüência N, A, B e C.	Cobertura para rede secundária.
47	Tapar o buraco do poste retirado.	
48	Solicitar ao COD a normalização do alimentador.	

6.ANEXOS USADOS PARA COMPOR A SEGURANÇA NAS LINHAS VIVAS

ANEXO I – Tarefas normalmente executadas por uma equipe de linha viva na distribuição

ANEXO II – Equipamentos de uso individual

ANEXO III – Equipamentos de uso auxiliar coletivo para equipe de linha viva

ANEXO IV – Equipamentos de uso coletivo para equipe de linha viva

ANEXO V – Cestas aéreas isoladas

ANEXO VI – Teste de isolação de equipamentos hidráulicos

ANEXO VII – Substituição de Poste

ANEXO VIII – Relatório de Acidente do Trabalho

ANEXO IX – Acidente do Trabalho

ANEXO I

TAREFAS NORMALMENTE EXECUTADAS POR UMA EQUIPE DE LINHA VIVA NA DISTRIBUIÇÃO

- Substituir isolador de pino - estrutura N1-B1-M1/N2-B2-M2
- Substituir isolador de disco - estrutura N3-B3M3
- Substituir ou reinstalar isolador de disco - estrutura N4-B4-M4
- Substituir cruzeta - estrutura N1-B1-M1
- Substituir cruzeta - estrutura N1-B-M1 - com utilização do conjunto de suspensão
- Substituir cruzeta - estrutura N3
- Substituir cruzeta - estrutura N4-M4
- Substituir cruzeta - estrutura B4
- Modificar estrutura N1 para N4 ou M1 para M4
- Modificar estrutura N1 para N4 com utilização do conjunto de suspensão
- Modificar estrutura N1 para B1

- Substituir cruzeta - estrutura LT
- Substituir cruzeta - estrutura N2-B2-fim de linha
- Modificar a estrutura N4 para N1 ou B4 para B1 ou M4 para M1
- Instalar a cruzeta N1
- Instalar a cruzeta N2
- Substituir cruzeta - estrutura B3-M3
- Substituir poste - estrutura N1-B1-M1
- Substituir poste - estrutura N3-B3-M3
- Substituir poste - estrutura N4-B4-M4 com a instalação de poste auxiliar
- Aprumar poste
- Instalar poste sem cruzeta sob rede primária
- Substituir poste - estrutura N1 com uso do conjunto de suspensão
- Instalar/retirar tirante de estai
- Substituir pára-raios
- Substituir ou dar manutenção em chave fusível
- Instalar chave fusível
- Substituir ou dar manutenção em chave faca
- Instalar chave faca
- Substituir ou dar manutenção em chave "by-pass" para religador/seccionalizador
- Substituir chave a óleo 400 A
- Dar manutenção em estrutura com chave a óleo 400 A
- Instalar luva estribo
- Reparar condutor primário com alça pré-formada
- Emendar condutor
- Encabeçar ramal
- Encabeçar condutor primário com energia do outro lado da cruzeta

- Abrir jumper em estrutura N4-B4-M4
- Fechar jumper em estrutura N4-B4-M4
- Instalar "Flying Tap"
- Substituir conector em "flying tap's"
- Substituir TC de banco de capacitor
- Instalar TC de banco de capacitor

ANEXO II

EQUIPAMENTOS DE USO INDIVIDUAL

ÍTEM	DESCRIÇÃO	UNI DADE	QUANT. POR ELETRICISTA
1	Botina de segurança	jg	1
2	Camiseta de malha. manga comprida	pç	2
3	Canivete com cabo de madeira	pç	2
4	Capacete de segurança	pç	1
5	Luvas de proteção *pl* luvas isolantes classe 2	jg	1
6	Luvas de suedine branca	jg	1
7	Luvas de vaqueta para serviços gerais	jg	1
8	Luvas isolante classe 1	jg	1
9	Luvas isolante classe 2	jg	1
10	Luvas de proteção *pl* luvas isolante classe 1	jg	1
11	Manga isolante classe 2	jg	1
12	Óculos de segurança ray-ban	pç	1
13	Sacola de lona para acondicionar luvas isolantes e mangas isolantes.	pç	1

Obs: O uniforme deve ser o normalmente utilizado pela empresa, com logotipo e a calça de preferência com elástico (evitar o uso de cinto com fivela metálica).

ANEXO III

EQUIPAMENTOS DE USO AUXILIAR COLETIVO PARA EQUIPE DE LINHA VIVA

ÍTEM	DESCRIÇÃO	UNIDADE	QUANT. POR ELETRICISTA
1	Alicate universal	pç	3
2	Alicate de bico reto	pç	1
3	Alicate de compressão hidráulica tipo "Y35"	pç	2
4	Alicate de compressão mecânica tipo "MD-6"	pç	2
5	Alicate de pressão	pç	1
6	Arco de pua	pç	1
7	Arco de serra para poda de árvore tipo Jack	pç	1
8	Arco de serra ajustável	pç	1
9	Balde de lona para içar ferramentas	pç	3
10	Bastão de manobra com cabeçote universal	pç	1
11	Cabeçote metálico para operar chave fusível	pç	1
12	Caixa para ferramentas	pç	1
13	Carretilha de alumínio com gancho de aço	pç	1
14	Cavadeira tipo vanga	pç	2
15	Chave catraca soquete longo 9, 12, 17, 19, 20,22, 24, 26, 28, 30 e 32 mm	jg	1
16	Chave combinada de 6 mm a 32 mm	jg	1
17	Chave de fenda 10" x 3/8 "	pç	2
18	Chave de fenda 6" x ¼"	pç	2
19	Chave de grifo 12" para retirar conexões	pç	2
20	Chave inglesa de 8"	pç	2
21	Chave inglesa de 12"	pç	2
22	Chave inglesa de 14"	pç	1
23	Cone de sinalização	pç	12
24	Cinturão e correia de segurança	pç	2
25	Dinamômetro	pç	3
26	Encerado de lona 3 x 4 m	pç	1
27	Enxada	pç	1
28	Enxadão	pç	1
29	Escova de aço	pç	2
30	Escova de aço tipo V	pç	2
31	Esquadro	pç	1
32	Estropo de aço ½"x 1.200 mm	pç	1
33	Estropo de aço ½" x 1.000 mm	pç	1
34	Estropo de aço ½"x 800 mm	pç	1
35	Estropo de aço 3/8" x 1.200 mm	pç	1

36	Estropo de aço 3/8" x 1.000 mm	pç	1
37	Estropo de aço 3/8"x 1.000 mm	pç	1
38	Formão com lâmina de ½"	pç	1
39	Formão com lâmina de ¾"	pç	1
40	Garrafa térmica - 5 litros	pç	2
41	Grosa para madeira	pç	1
42	Lima bastarda e chata 10"	pç	1
43	Limatão redondo 8"	pç	1
44	Marreta de 2,5 kg	pç	1
45	Martelo de unha 0,45 kg	pç	1
46	Matriz para alicate Y-35	jg	1
47	Matriz para alicate MD-6	jg	1
48	Metro zig-zag de 2 m de madeira	pç	2
49	Nível de madeira	pç	1
50	Picareta	pç	1
51	Prumo	pç	1
52	Punção	pç	1
53	Serrote para madeira	pç	1
54	Talhadeira de aço de 5" x ½"	pç	1
55	Talhadeira de aço de 8" x 5/8"	pç	1
56	Tesoura 30" para cortar cabo	pç	1
57	Tesoura 18" para cortar condutor	pç	1
58	Torquímetro	pç	1
59	Trado 11/16"	pç	1
60	Trado 13/16"	pç	1
61	Trado 7/16"	pç	1
62	Trena de 30 m	pç	1
63	Vira poste	pç	1
64	Faixa de sinalização	pç	4
65	Escada singela de 4,5 m	pç	1
66	Escada de extensão de 7,80 m	pç	1

ANEXO IV

EQUIPAMENTOS DE USO COLETIVO PARA EQUIPE DE LINHA VIVA

ÍTEM	DESCRIÇÃO	UNIDADE	QUANT. POR ELETRICISTA
1	Bastão de garra de 38 x 1.600 mm	PÇ	1
2	Bastão suporte para jumper	PÇ	3
3	Bastão tração espiral	PÇ	3
4	Cabo 2 A WG flexível isolado para 600 V	MT	3
5	Cabo 2 A WG flexível isolado para 15 kV	MT	14
6	Cabo $4/_0$ AWG flexível isolado para 15 kV	MT	14
7	Cinto de segurança para caçamba	PÇ	2
8	Cobertura flexível para condutor classe 2	PÇ	15
9	Cobertura rígida para poste de 230 x 1.200 mm	PÇ	1
10	Cobertura rígida para poste de 150 x 300 mm	PÇ	9

11	Cobertura rígida para poste de 150 x 600 mm	PÇ	12
12	Cobertura rígida para poste de 230 x 1.800 mm	PÇ	2
13	Cobertura rígida para condutor	PÇ	12
14	Corda ½"	MT	30
15	Corda $^3/_8$"	MT	30
16	Correia de couro	PÇ	12
17	Cruzeta auxiliar 1.600 mm	JG	1
18	Esticador de condutor de 2 a 4/$_0$ AWG	PÇ	6
19	Esticador de condutor de alumínio 336.4 a 477 MCM	PÇ	6
20	Esticador de condutor de 6 a 1/0 AWG	PÇ	6
21	Esticador de cabo de aço $^3/_8$"	PÇ	1
22	Estropo de nylon com argola de 0.90 m	PÇ	3
23	Estropo de nylon com argol-a de 1.10 m	PÇ	3
24	Estropo de nylon com argola de 1.30 m	PÇ	3
25	Grampo de torção para cabo jumper	PÇ	18
26	Gancho para içar ferramentas	PÇ	3
27	Guincho catraca com tirante de nylon	PÇ	3
28	Lençol tsolante com abertura classe 2	PÇ	6
29	Lençol isolante sem abertura classe 2	PÇ	6
30	Pregador manual de cobertura para lençol	PÇ	20
31	Protetor rígido secundário classe 1	PÇ	12
32	Sacola de lona para acondicionar lençol	PÇ	2
33	Sacola de lona para acondicionar cobertura secundária	PÇ	1
34	Sacola de lona para acondicionar cobertura flexível classe 2	PÇ	2
35	Sela com colar de 38 mm	PÇ	1
36	Sela com colar de 64 mm	PÇ	2
37	Sela para amarração de corda	PÇ	1
38	Tesourão isolado para cortar cabo	PÇ	1
39	Testador de bastão	PÇ	1
40	Testador de seqüência de fase	PÇ	1
41	Serra hidráulica de corrente	PÇ	1
42	Furadeira hidráulica	PÇ	1
43	Alicate de compressão hidráulica Y -35	PÇ	1
44	Inflador de luvas	PÇ	1
45	Lençol isolante para rede secundária	PÇ	6
46	Podador de galhos hidráulico	PÇ	1

ANEXO V

CESTAS AÉREAS ISOLADAS

ANEXO VI

TESTE DE ISOLAÇÃO DE EQUIPAMENTOS HIDRÁULICOS

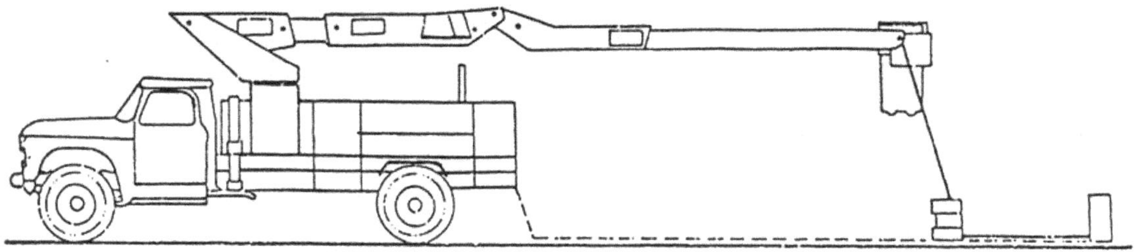

Fig. 1 – Montagem do teste de isolação total do equipamento HOTSTIK

TENSÃO DE TESTE 100 kV DURANTE 3 Minutos

CORRENTE DE FUGA NÃO DEVE ULTRAPASSAR 1 mA

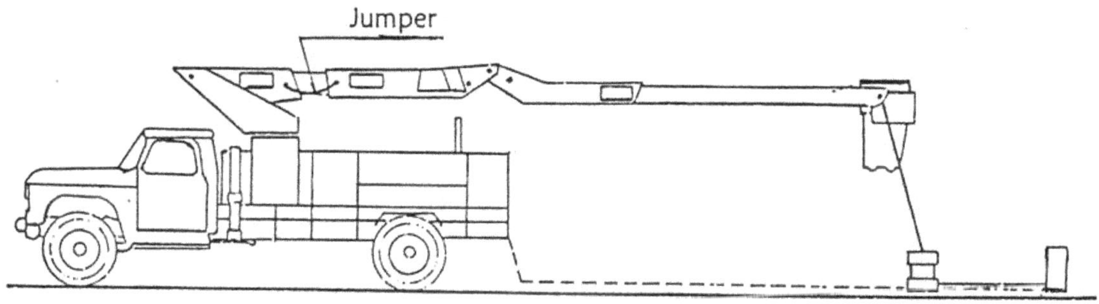

Fig. 2 – Montagem do teste de isolação da lança superior do equipamento HOTSTIK

TENSÃO DE TESTE 100 kV DURANTE 3 Minutos

CORRENTE DE FUGA NÃO DEVE ULTRAPASSAR 1 mA

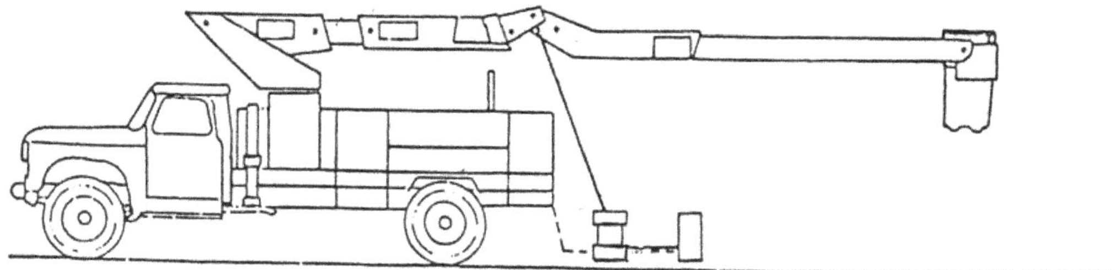

Fig. 3 - Montagem do teste de isolação da lança inferior do equipamento HOTSTIK

TENSÃO DE TESTE 50 kV DURANTE 3 Minutos

ANEXO VII

SUBSTITUIÇÃO DE POSTE

ANEXO VII
CONTINUAÇÃO

SUBSTITUIÇÃO DE POSTE

ANEXO VII
CONTINUAÇÃO

SUBSTITUIÇÃO DE POSTE

ANEXO VII
CONTINUAÇÃO

SUBSTITUIÇÃO DE POSTE

ANEXO VIII

RELATÓRIO DE ACIDENTE DO TRABALHO

CMS ENERGY
CPEE – Equipamentos Elétricos e Serviços Ltda.

DADOS DOS ENVOLVIDOS:

A) Nome: Claudemir Batista

Est. Civil: Solteiro

Cargo: Eletricista Linha Viva I

Grau de instrução: 1° Grau incompleto

Acidentes Anteriores: Não

Data de Admissão: 17/06/1997

Treinamentos:

Curso de formação especializada do eletricista em manutenção de instalações energizadas na distribuição 15/34,5 Kv.
Curso de Primeiros socorros para eletricistas.
Curso de Operação de guindauto.
Curso de Prevenção e Combate de Incêndios.
Curso de Manutenção em redes secundárias energizadas.
Curso de Gestão de indicadores de qualidade.
Curso de Resgate de acidentados por choque elétrico.
Curso sobre técnicas de procedimentos operacionais.

B) Nome: Antônio Carlos de Moraes

Est. Civil : Casado

Cargo: Eletricista de Linha Viva II

Grau de instrução: 1° Grau completo.

Data de Admissão: 01/04/1997

Treinamentos:

Curso de Operador de guindauto.
Curso de Formação especializada do eletricista em manutenção de instalações energizadas na distribuição em linha viva – 15/34,5 Kv.
Curso de Primeiros socorros para acidentados por choque elétrico.
Curso de Prevenção e combate de incêndio.
Curso de Técnicas de procedimentos operacionais.
Curso de Eletricidade básica.
Curso de Gestão dos indicadores de qualidade.
Curso de Direção defensiva.
Curso de Resgate de acidentados por choque elétrico.

C) Nome:

Est. Civil: Sebastião Moraes

Cargo: Supervisor Linha Viva.

Grau de instrução: 1° Grau incompleto

Data de Admissão: 16/12/1996

Treinamentos:

Curso de Formação especializada do eletricista em manutenção de instalações energizadas na distribuição linha viva – 15/34,5Kv.
Curso de Prevenção e combate de incêndio.
Curso de Operador de guindauto.
Curso de Gestão dos indicadores de qualidade.
Curso de primeiros socorros.
Curso de Eletricidade básica.
Curso de Resgate de acidentados por choque elétrico.
Curso de Direção defensiva.
Curso de Supervisão e Liderança I e II.
Curso de Técnicas de procedimentos operacionais.

2) LOCAL, DATA E HORÁRIO DO ACIDENTE:

O acidente ocorreu na Rua Visconde do Rio Branco, Centro de Mococa no dia 12 de maio de 2005, às 10:00 horas.

3) DESCRIÇÃO DO SERVIÇO:

O serviço que estava em andamento consistia de afastamento de rede primaria 11, 4 kV em uma estrutura tipo M2, cabo 336 MCM com transformador, e passaria para B2.

4) DESCRIÇÃO DO ACIDENTE:

Após a instalação da estrutura tipo B2 no poste executados pelos Srs Claudemir Batista e Antonio Carlos de Moraes que estavam na cesta aérea, iriam iniciar as devidas amarrações dos isoladores tipo pino.

Os cabos já estavam protegidos com as devidas coberturas rígidas e flexíveis, sendo que havia uma cobertura circular rígida envolvendo a luva estribo da fase do meio.

O sr Claudemir Batista se encontrava na cesta aérea lado da tarefa e operando a cesta o Sr Antonio Carlos de Moraes.

O eletricista Claudemir Batista iniciou a amarração dos isoladores tipo pino posicionados na fase do lado da rua utilizando como amarração fios retirados(tentos) de cabo 477 MCM com aproximadamente 1,20 m de comprimento.

Ao proceder a laçada do isolador envolvendo o cabo 336 MCM na fase do lado da rua uma das pontas da amarração provavelmente veio a aproximar do estribo posicionado na fase do meio que estava no momento sem a proteção (cobertura circular rígida 600x150 mm) a proteção existente deslocou do local devido a ventos e movimentos no cabo, provocando a abertura de arco elétrico entre as fases.

5) CONSEQÜÊNCIAS DO ACIDENTE:

- Queimadura superficial devido ao arco elétrico na face lado direito no Sr Claudemir Batista;
- Avaria de vários EPI's devido ao arco elétrico (Capacete de segurança, óculos lentes escuras e mangas isolantes);
- Avaria de vários EPC's devido ao arco elétrico (Cobertura rígida, lençol semi-partido e cobertura flexível);
- Atendimento no pronto socorro local e posterior internação do Sr Claudemir Batista para observação;
- Desligamento do alimentador 09 por aproximadamente 06 minutos atingindo 7747 clientes.
- Perda de tempo

6) FATOS ADICIONAIS:

- O tempo estava bom, porém havia ventos;
- Havia boa visibilidade;

- O serviço era em regime programado;
- Houve abertura instantânea das proteções do alimentador 09;
- O colaborador Claudemir Batista não necessitou de primeiros socorros, pois foi descido pela cesta aérea operada pelo Sr Antonio Carlos de Moraes lúcido e não estava sentindo nenhum problema;
- O Sr Claudemir Batista no momento do acidente estava fazendo uso de todos os EPI's necessários para realizar a tarefa;
- O Sr Sebastião Moraes estava no solo supervisionando os serviços no momento do acidente;
- A amarração utilizada na tarefa eram fios(tentos) retirados de cabo de alumínio 477 MCM.

7) MEDIDAS PARA SE EVITAR A REPETIÇÃO DO ACIDENTE:

- Garantir a firmeza das coberturas rígidas através de prendedores, sendo que este item deve ser incluído na apostila de linha viva para este tipo de tarefa;
- O eletricista quando estiver posicionado na cesta aérea deverá realizar a avaliação dos locais que irá aproximar com ferramentas, materiais, etc;
- O eletricista que no momento estiver no solo supervisionando os serviços deverá ter uma visão global da tarefa com o objetivo de antecipar possíveis acidentes;
- Adquirir amarrações(laços) preformados, principalmente para cabos de maiores seções(bitola) e estruturas especiais(ângulos M2, B2, etc.)
- Divulgar o acidente na próxima reunião de CIPA, para todos os colaboradores das Empresas Grupo CMS Energy.(e no Diálogo Semanal de Segurança);
- Planejar e executar a tarefa levantando todos os riscos possíveis, antes, durante e após realização das tarefas.

CONCLUSÃO:

Foi concluído que o acidente ocorreu devido ao **"ATO INSEGURO"**, de toda equipe pois não houve a instalação dos prendedores na cobertura circular que evitaria seu deslocamento e consequentemente a **"CONDIÇÃO INSEGURA".**

Mococa, 13 de maio de 2015

____________________	____________________
Carlos Alberto Dias	Claudemir Batista
Presidente da CIPA CPEE-E	Vitima

Ezio Onofre Garcia	Antônio Carlos de Moraes
Tec. Seg. Trabalho CPEE	Envolvido
Orlando Luis de Camargo	Sebastião Moraes
Presidente CIPA CLFM	Envolvido
Mario Octavio Frigo	Paulo Tarso Ribeiro
Gerente DCM – CPEE-E	Técnico Eletrotécnico CLFM

ANEXO IX

ACIDENTE DO TRABALHO

CMS ENERGY

CPEE – Equipamentos Elétricos e Serviços Ltda.

ANEXO IX
CONTINUAÇÃO

ACIDENTE DO TRABALHO

CMS ENERGY
CPEE – Equipamentos Elétricos e Serviços Ltda

ANEXO IX
CONTINUAÇÃO

ACIDENTE DO TRABALHO

CMS ENERGY
CPEE – Equipamentos Elétricos e Serviços Ltda

ANEXO IX
CONTINUAÇÃO

ACIDENTE DO TRABALHO

CMS ENERGY
CPEE – Equipamentos Elétricos e Serviços Ltda

ANEXO IX

CONTINUAÇÃO

ACIDENTE DO TRABALHO

CMS ENERGY
CPEE – Equipamentos Elétricos e Serviços Ltda

7.LISTA DE EXERCICIOS

1. O que fazer para garantir uma boa qualidade no serviço de fornecimento de energia?
2. Como realizar os serviços de reparo?
3. Qual dos pré-requisito dos mais importantes na formação de uma equipe em instalação energizada?
4. Quais os três dos fatores mais significativos que devem ressaltar nos homens que se dedicam aos trabalhos com a máxima segurança?
5. Quis as condições exigidas para os encarregados do trabalho de segurança máxima?
6. Quais são os recursos necessários para formação de equipe de linha viva?
7. Quais são os pré requisitos para o recrutamento e seleção da equipe de linha viva?
8. Quais são os testes necessários para a formação da equipe de linha viva?
9. Quais os exames médicos que o eletricista deverá ser aprovado?
10. Quantos eletricistas são necessários para compor a linha viva?
11. Quais as características das ferramentas, equipamentos e acessórios de linha energizada?
12. Quais os Equipamentos e ferramentas de trabalho de uma linha viva?
13. O que é cesta aérea isolada?
14. Quais são os principais componentes da cesta aérea isolada?
15. Como é feita a verificação de rotina das áreas isoladas?
16. Como são os ensaios elétricos periódicos?
17. Como é feito o teste do braço isolado?
18. O que é cuba isolante?
19. Como e realizado o teste do óleo hidráulico?
20. Quais são as normas de segurança?
21. Quais são os equipamentos de segurança?

22. Descreva o conjunto de aterramento temporário.

23. Qual a sequência para a colocação do aterramento primário temporário?

24. O que são protetores isolantes?

25. O que são cones?

26. O que são faixas de sinalização?

27. O que são placas de advertência?

28. O que são bandeirolas de sinalização?

29. O que são placas de advertência de manobra?

30. O que é Equipamento de Proteção Individual – EPI?

31. Segundo a legislação vigente, o que compete ao empregado em relação ao EPI?

32. O que é Capacete de segurança?

33. O que são Óculos de segurança?

34. O que são luvas isolantes de borracha?

35. Quais são os procedimentos de manuseio destas luvas de borracha?

36. O que são luvas isolantes de borracha?

37. Como deve ser manuseado o cinturão e o talabarte?

38. O que é Calçado de segurança

39. O que é Luva de proteção para as mãos?

40. O que é calçado de cano longo?

41. O que são Botas de borracha?

42. O que é Conjunto impermeável (Capa de chuva)?

43. Para o trabalho em instalações energizadas (linha viva), é indispensável a observação de quais normas de trabalho?

44. Como deve ser feita a substituição dos postes?

www.ingramcontent.com/pod-product-compliance
Ingram Content Group UK Ltd.
Pitfield, Milton Keynes, MK11 3LW, UK
UKHW052106270726
14058UKWH00005BA/662

9 786500 521108